U0091454

輕食餐桌

麻球的日日小料理

品嚐美味滋味
的美好。

麻球的序，日日料理小幸福

開始喜歡站在爐火上料理是在我小學三年級的時候，因為爸爸當時做了料理的小事業，我常常看著爸爸很認真的料理美味給家人享用的那份心意，經常讓小小的我感到莫名的感動呢！

爸爸原本是一位很熱情的街頭藝術家，之所以做起料理小事業也是因為家庭經濟所需，以及人每日都必須飲食才有動力繼續生活，跟食物的關係就像朋友一樣，彼此互相幫助加油打氣，而且食物帶給人的味覺有著滿滿的幸福感呢！相信你也跟我有著相同的感受。

每當看到食物在鍋子裡噗噗噗的翻滾著⋯，一想到等一下就可以好好吃一頓的感覺，真是幸福又大滿足啊！

嗯，就以繽紛、可愛的玩樂感覺來料理每日的飲食吧！

不只是餐盤上的美味裝點，就讓每一天的美味延伸到餐桌上，雖然會花點時間來製作，但一想到可以為心愛的家人準備這一份豐富有趣的餐桌美味，內心裡就能即刻感受到料理帶給人的幸福呢！

Menu

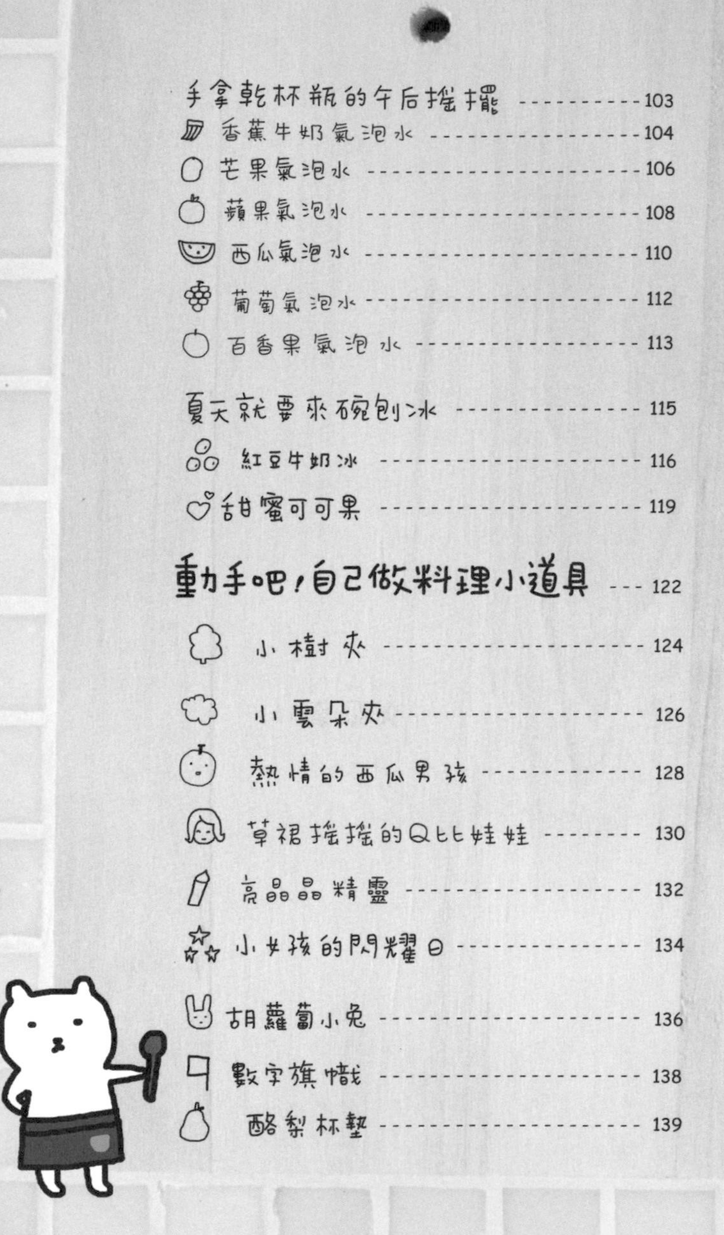

我喜歡料理，因為我好愛食物的顏色跟形狀！

還有我好愛吃

（哈，你也點頭說是了嗎？）

我最常看的書就是食譜書、美食節目，

雖然吃不到，卻可以用想像去滿足口慾。

我發現料理時的我是帶著微笑的呢！

啦啦啦，準備開動囉～

PART1

胡蘿蔔小兔
數字旗幟
焗烤香薯
蘋果沙沙醬

123
接骨木蔓越莓汁
西西里薯條
奶焗香蔥餅
蕃茄粒粒醬

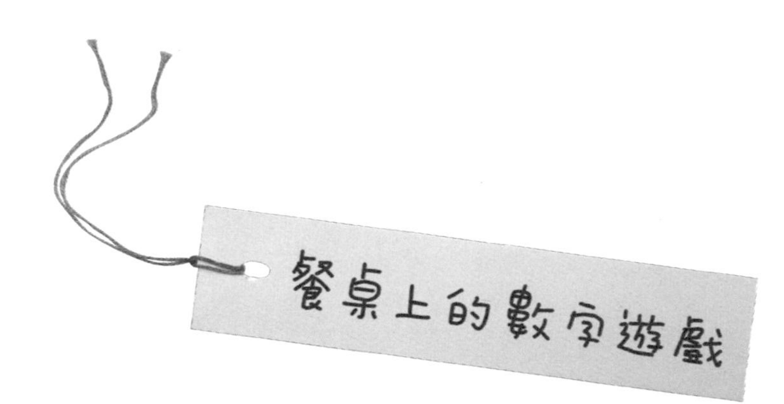

有沒有覺得數字很可愛呢?

12345…你最喜歡的數字是哪一個呢?

嗯，我最喜歡的數字是168，因為這是家人生日的數字，

僅只是這麼單純的原因，讓我喜歡這三個數字，

有時候我會為了這三個數字而設計居家用品的圖案，

像是抱枕上有1、6、8，

杯子們坐的杯墊也有1、6、8，

呵呵，有點小可愛又無厘頭的想法，

我想，如果將數字放在餐桌上，一定也很可愛！

❀ 焗烤香薯

材料

馬鈴薯	1顆(約400公克)
培根，切碎片	70公克
洋蔥，切碎	70公克
玉米粒	70公克
蒜頭，切碎	3瓣
焗烤絲	30公克

調味

雞粉	適量
橄欖油	1大匙
糖	5公克
起司粉	適量

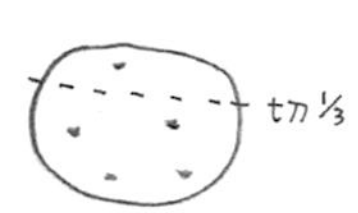

做法

1 洗乾淨馬鈴薯外皮後，切去三分之一的馬鈴薯，鍋內水滾後，放入整顆馬鈴薯煮約5分鐘關火，燜30分鐘取出。

2 使用鋸齒的湯匙刮起馬鈴薯內餡，留下一層約1cm厚的馬鈴薯內餡和皮，將內餡用刀切小塊狀備用。

3 鍋子熱後加入油，依序放入蒜頭、洋蔥、玉米粒、馬鈴薯拌炒，再放入糖、雞粉拌炒一下。

4 接著將炒好的內餡填裝在空的馬鈴薯內(稍壓一下)，讓馬鈴薯又恢復原來的胖胖型狀。

5 將焗烤絲鋪在馬鈴薯的最上層，放入烤箱以上下火攝氏200度烘烤25分鐘。

6 享用前灑些起司粉即可。

準備的內餡若多了些，
可留到下一餐跟米飯一起做成可口的炒飯喔。

❀ 西西里薯條

材料

馬鈴薯，去皮切長條寬厚約1.5cm	1顆（約300公克）
橄欖油	1湯匙
吸油紙	1張

調味

蒜香西西里粉	適量

做法

1 水滾後將馬鈴薯條放入鍋內煮約5分鐘取出，瀝乾水分。

2 鍋熱放油再放入馬鈴薯條煎至金黃色。

3 將煎熟的馬鈴薯放在吸油紙吸一下油後，放在盤中灑上適量的蒜香西西里粉。

蒜香西西里粉在超市可買到，
享用時再沾醬料一起吃美味一級棒喔！

Potato

蕃茄粒粒醬

材料

聖女蕃茄，切碎粒	2粒
沙拉醬	30公克
香草蕃茄醬	4公克

做法

1. 沙拉醬放入小碗中。
2. 接著放入香草蕃茄醬。
3. 最後放入切碎的蕃茄碎粒，攪拌均勻即可（需放冷藏保存）。

香草蕃茄醬在超市可買到喔。

❀ 蘋果沙沙醬

材料

蘋果，切碎粒	5公克
沙拉醬	30公克
糖露	5cc

做法

1 沙拉醬放入小碗中。
2 接著放入糖露。
3 最後放入切碎的蘋果粒攪拌均勻即可(需冷藏)。

糖露參考p87的製作

❀ 奶焗香蔥餅

材料

方形蔥油餅	1塊
焗烤絲	約10公克（可鋪滿一小塊蔥油餅的份量）
三星蔥碎粒	數粒

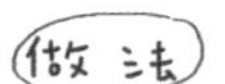

1 將蔥油餅放入鍋子煎熟後，切成六塊。

2 在蔥油餅上鋪上焗烤絲。

3 接著放上幾碎粒的三星蔥。

4 放入烤箱，以上下火攝氏200度烘烤10分鐘。

餅皮非常酥脆可口，搭配三星蔥的特有甜味，口感很不賴喔。

方形蔥油餅超市有賣，若買不到方形蔥油餅，也可以用圓形蔥油餅替代。

✿ 接骨木蔓越莓汁

材料

接骨木糖漿	20cc（IKEA有賣）
蔓越莓果醋	20cc
冷開水	150cc
冰塊	適量

做法

將所有材料依序倒入杯中後，用長湯匙攪拌一下即可飲用。

接骨木漿果是人類最早認識的古老草藥之一。在炎夏，一團團的紅或黑色果子於輕軟葉子襯托下綴以白色花朵，悅目動人，通常在灌林樹林可以找到。花香氣怡人，可以用於烹調食用；更可製成香檳，有氣飲品及糖漿飲品非常可口怡人

Picnic

椰子食器置物盒

豬肉&火龍果捲

香腸蔥燒串

鮮菇&豆子

小恐龍手持隔熱墊
椰子牛奶汁
滷肉飯糰
涼拌豆豆子

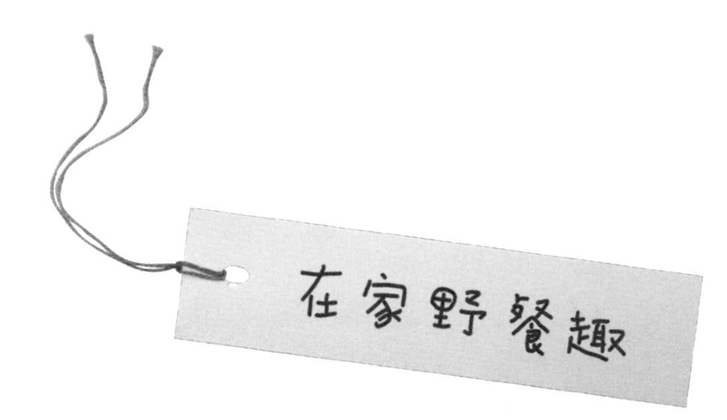

偶而假日，我們會為了家庭的小餐會準備野餐食材，
野餐最好選在舒適、溫度剛好，
有微風的春季跟初秋這兩個季節，
換個環境用餐，心情總是特別的愉快喔！

萬一是在不適合野餐的季節，
卻偏偏很想有野餐的fu～，
那麼就在自己家的餐桌上，
佈置出野餐的小風景吧！
保證也滿有趣的喲！

❀ 香腸蔥燒串

材料

士林大香腸，切2cm厚	1條切6塊
蔥，取蔥白下來那一段切3cm寬	6條

調味

味醂	1cc
沙茶醬	5公克

做法

1 將香腸放在已熱且開小火的平底鍋上，兩面煎到有點小焦(不用加油因此要用不沾鍋)。

2 在煎好的香腸中心，劃一刀(約0.5cm深度)。

3 用小刷子沾調味醬，刷在香腸的表面。

4 最後在畫刀處夾入蔥段。

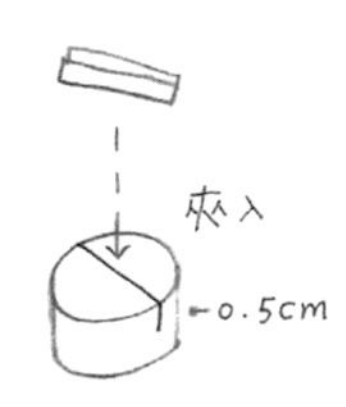

✿ 豬肉&火龍果捲

帶肥的豬肉片 (可買超市已醃製好的或自己用烤肉醬醃製)	3片
火龍果，切跟豬肉片一樣寬，厚度約2cm	3片

做法

1. 將肉片放在已熱的平底鍋兩面煎熟(可不放油)。
2. 火龍果切片後，放一片在肉片上，再用小牙籤由一側串到另一側上。

❀ 鮮菇&豆子

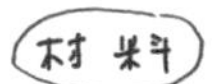

香菇	3朵
毛豆莢（買涼拌好將豆子取出）	20公克

味醂	1cc
鰹魚露	1cc
沙茶醬	5公克

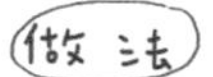

1 香菇去蒂後，放入沸水中煮熟，盛盤放涼。

2 將調好的調味醬，用小刷子沾取刷在香菇的中心凹槽上。

3 將豆子放在香菇中心凹槽做裝飾。

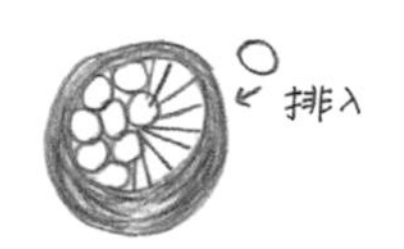

❀ 涼拌豆豆子

材料

敏豆，一條切成三段	40公克

調味

芝麻醬	15cc
花生醬	15cc
鰹魚露	5cc
糖露（做法請見P87）	5cc

做法

1. 敏豆切段後，放入沸水鍋內煮熟（約3分鐘）。

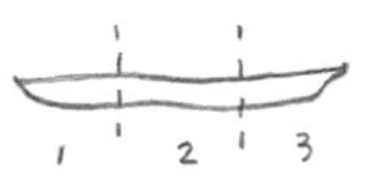

2. 敏豆放在大碗內放涼。
3. 調味料調勻後，拌入放涼的敏豆，放冰箱冷藏約2~3小時可食用。

這道菜是在道地的日本拉麵館吃到的，記住這味道後，嘗試做了好幾次，終於做出屬於自己台灣ㄟ味道囉。冰涼涼的很好吃，還可以配啤酒喔！
讚啦！！

delicious

relish

❀ 滷肉飯糰

材料

熟飯	1顆約70公克
豬絞肉	40公克
蒜頭	2小粒

調味

醬油	5cc
糖露（做法請見P87）	5cc
冷開水	30cc

做法

1 豬絞肉、蒜粒、調味料一起放入鍋中煮到湯汁收乾（但要小心注意別煮焦喔）。

2 雙手沾冷開水後，取溫的飯揉成圓球，飯糰中間用拇指下壓成一個小凹槽。

3 取一些滷好的滷肉放在飯糰的小凹槽內。

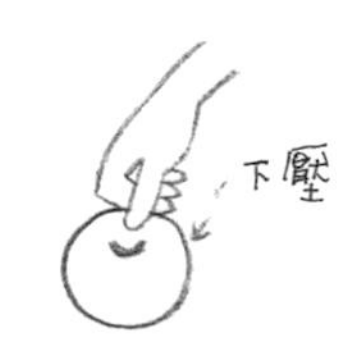

❀ 椰子牛奶汁

材料

椰子	1顆

調味

牛奶	30cc
糖露(做法請見P87)	5cc

做法

1 用刀切除椰子的尖端處，並挖一小洞倒出椰子汁在容器內。

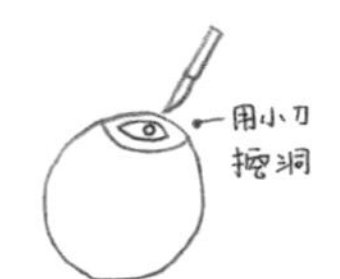

2 加入牛奶、糖露放冰箱冰鎮(椰子殼也請放冷藏)。

3 飲用時再把椰奶汁倒8分滿於椰殼內，插入吸管飲用。

椰殼需用小鋸子鋸開，開口約5cm。飲用完的椰殼可DIY彩繪成可愛的置物盒，椰殼內的果肉用鋸齒湯匙挖出，可食用。

田園女孩
糖露芥茉醬
甜椒焗烤飯
萵苣沙拉屋

南瓜濃湯
原味風木隔熱墊

這是在超市遇見的南瓜，一顆要四百多元呢！

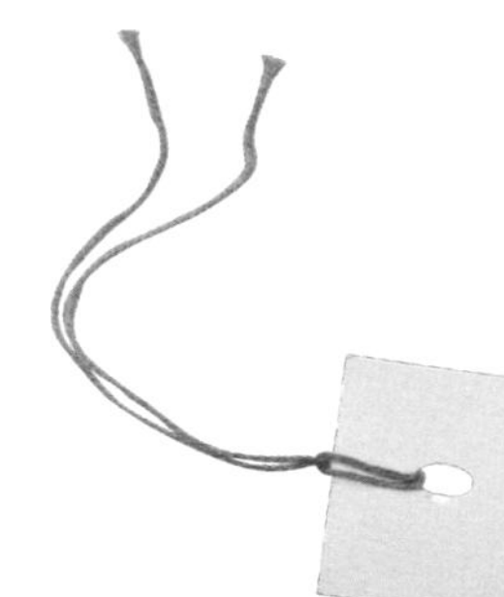

我的蔬果餐盤

有時候我會直接用蔬果的外形來當餐盤喔，
這樣享用美味的方式實在有趣極了，對不對？！
雖然沒有高超絕倫的雕刻技法，
只是簡單利用現成食材的形狀，加入一些料理的美味…
但是，卻可愛無敵！
（讚美自己也是享受生活的基本要素喔！哈～）

曾經為了尋找一顆適用的南瓜踏遍大半個市場，
因為在市場看到的都是超大顆的南瓜，
一想到切半後，將做出占據半個桌面的南瓜濃湯，
讓我不禁撲ㄘ笑出來，
想想這個畫面滿可愛的，
好像為大胃王準備的午餐！（哈）

Light food

❀ 萵苣沙拉屋

材料

萵苣	數片
水蜜桃，切碎粒	1顆
煙燻鮪魚罐頭	1罐
苜蓿芽	30公克

做法

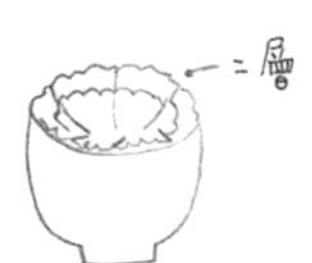

1 將萵苣一片一片剝下來清洗乾淨脫水，一片一片繞著放入碗中，就像萵苣的葉子包覆在碗內，總共堆疊兩層使之成為飽和形狀。

2 撕一些小片的萵苣放入碗內。

3 再放入苜蓿芽、水蜜桃、煙燻鮪魚，享用前澆上沙拉醬。

很少這樣吃窩苣對不!這樣吃不但有趣也很有飽足感喔！

❀ 糖露芥末醬

材料

糖露	30cc
芥末醬	15cc
沙拉醬	60cc

做法

將所有材料倒入小碗中拌勻即可，享用時再淋在生菜沙拉上做為佐料。

雖然沒有使用蜂蜜，而用了自己製作的手工糖露來調配芥末醬，然而，口感滿不錯的喲!!
糖露參考p87的製作。

relish

甜椒焗烤飯

材料

黃椒	1個(約200公克)
熟米飯	150公克
蒜頭	2小粒
培根，切小片	1片(約35公克)
焗烤絲	40公克
迷迭香(裝飾用)	1叢
橄欖油	1湯匙

調味

鹽	5公克
糖	5公克

做法

1 黃椒從蒂頭三分之一處切開，挖去囊裡和籽。

2 熱油鍋，加1湯匙油爆香蒜頭。

3 接著放入培根拌炒。

4 再放入米飯炒勻，加入調味料拌炒一下。

5 將炒好的米飯放入黃甜椒內，然後在最上層鋪上焗烤絲，烤箱設定上下攝氏180度烤20~25分鐘。

享用時可再飯上面插上一叢的迷迭香葉裝飾喔～

❀ 南瓜濃湯

材料

南瓜	半顆(約680公克)
冷開水	1000cc
玉米粒	80公克
玉米醬	120公克
黑胡椒粉	適量(享用時再加入湯碗裡)
牛奶	適量(享用時再加入湯碗裡)
麵糊	麵粉30公克+30cc水調勻

調味

鹽	2茶匙
糖	15公克
雞粉	適量

做法

1. 南瓜蒸熟後待涼，切1/3後，用鋸齒湯匙挖取南瓜肉備用。
2. 接著將南瓜泥、玉米粒、玉米醬、冷開水放入果汁機裡打成泥狀。
3. 將(2)項入鍋加熱到滾後，加入調味料。
4. 最後加入調勻的麵糊煮一下，享用前在湯碗裡加上適量的黑胡椒粉及牛奶。

選南瓜時注意一下底座的平衡，若還是會歪斜不穩，可在底座削除一小部分多餘的皮，就可很穩的擺放囉。

relish

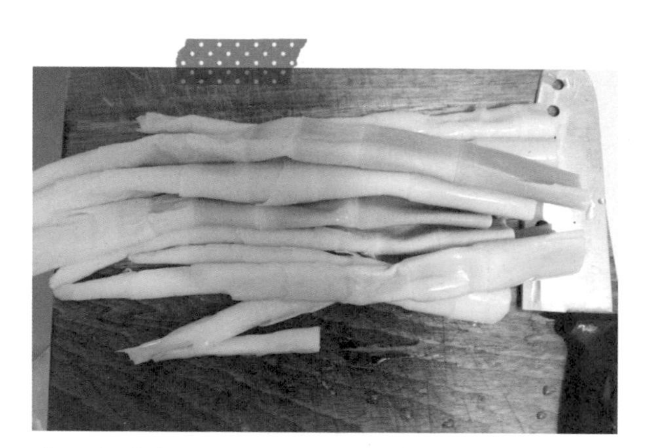

我正在準備切切切…鄰居送來的筍。

食材正在鍋裡噗噗噗的翻滾著。

每年的六月是個幸福的月份，
有很多情人們都選在這時候來完成未來的幸福旅程。
在享受完好幾道的美味料理後，
我們帶了兩袋紅燒海味+佛跳牆回家
（在台灣好像都是這樣（袋）美味回家厚！呵呵）
準備假日的午餐就來重新調配一下…

這兩道帶湯的料理，由於紅燒海味裡的海參、
蹄筋、豬蹄肉的湯汁似乎缺少了些味道，
我把原來的湯汁倒去並洗去醬汁，
加入佛跳牆、水以及鄰居送來她自己栽種的筍，
自己憑感覺調味，
沒想到重組的味道還不賴呢！
於是一鍋湯料全在這個下午吃光光…

✿ 海匯鮮湯

材料

紅燒海味	(外帶回來的)
佛跳牆	(外帶回來的)
筍	(鄰居熱情送的)

調味

雞粉	2小匙
黃糖	1大匙
味醂	1大匙
水	蓋過食材的量

做法

很簡單，就是通通將食材放入鍋中，等水滾再加入調味料就可以囉！

happy
小女孩的
檸檬小雞
棉花糖層層糕

亮晶晶精靈
吐司卷卷
櫻桃酸甜汁

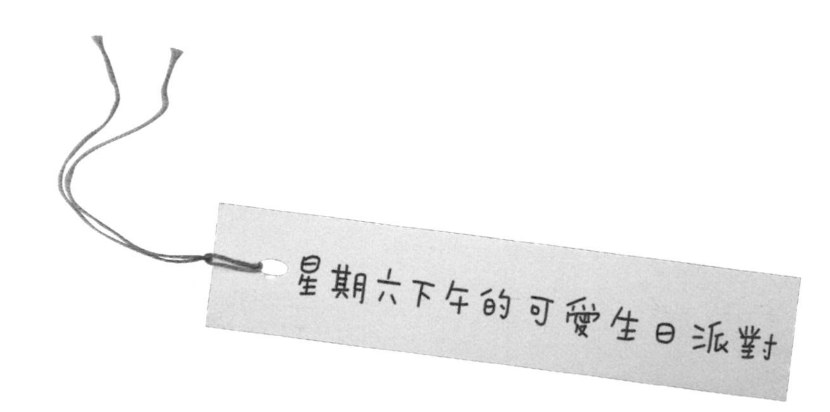

每年生日，都是到蛋糕店買顆蛋糕回家許三個小願望，
這次自己在家做有趣的拼貼蛋糕吧！
即使沒有高超的西點烘焙技術，
但動動腦搞點小創意也很不賴呢！
手造感一級棒喔！！
把自己平日喜愛的甜點，裝飾在一層一層的蛋糕上，
呦呼！真是可愛極了…
還有還有，
記不記得在市集裡套圈圈的小遊戲呢?
施個小魔法，
讓套圈圈變成一道可口又可愛的美味如何呢？
我看到我們家的小女生
有點靦腆的笑著了呢！

Sends rightly

❀ 棉花糖層層糕

材料

海綿蛋糕(可在便利商店買到)　3塊
巧克力醬
棉花糖(細粒)
櫻桃　1顆

做法

1 分別將海綿蛋糕切成直徑15、11及7公分的圓片狀。
2 一層一層的將巧克力醬，塗在蛋糕側面，再塗正面，並疊成三層。
3 在每一層蛋糕上，裝飾著棉花糖。
4 最後在蛋糕最上端放上一顆櫻桃。

蛋糕尺寸：原寸、11cm、7cm這三個尺寸，可利用寶特瓶口(須切割後使用)或杯子口、碗口來壓模，也可以自己畫紙板放在蛋糕上緩慢修邊。

❀吐司卷卷

材料

材料

吐司　　6片

木製擦手巾架

調味

蒜香奶油醬　　適量

做法

1 用圓形的壓模器在吐司上用力壓下，用小刀修飾並去邊。
2 中間的吐司可用小杯子口去壓，再用小刀修飾並去邊。
3 將吐司放入烤箱，以攝氏180度的上下火，烘烤5分鐘。
4 趁熱塗上一層薄薄的蒜香奶油醬，再一個一個套入木製擦手巾架。

雖然木製擦手巾架是放擦手紙的，偶而我們也可以讓它換個角色，套上美味的食物，是不是有趣許多呢？呵呵…

自製壓模小道具→可用1000ml的寶特瓶飲料(剪到標籤處)來輔助，也很好用喔！

glittering

❀ 檸檬小雞腿

材料

炸雞翅（買現炸好的）	1隻
檸檬	1粒

調味

檸檬	1小片
胡椒鹽	適量

做法

1 取雞翅的小腿，小腿處用小刀修飾一下方便好拿取。
2 將檸檬本體留三分之二後挖掉果肉，底切一些掉，以便平放在盤子上。
3 小翅腿撒點胡椒鹽後，放入檸檬杯杯裡，就有可愛的感覺囉！
4 享用前，擠些檸檬汁增添風味。

1 挖除的檸檬果肉別丟，可用來泡檸檬水或果汁。
2 裝飾完的檸檬杯杯也別丟，可以裝入剩下切碎的檸檬皮，放在冰箱裡當天然的除臭劑喔！

呵呵，很可愛哩～

❀ 櫻桃酸甜汁

材料

櫻桃，切半	2顆
櫻桃	1顆
蔓越莓果醋	10cc

調味

冷開水	100cc
糖露(做法參考P87)	10cc
冰塊	2顆

做法

1 在杯中加入冷開水。
2 依序加入蔓越莓果醋、糖露、冰塊並攪拌一下。
3 最後放入切半的櫻桃，及一顆帶梗的櫻桃裝飾。

梅子酸甜汁
醃梅子
餐桌裝飾巾

酸甜味
梅子糖露
茉莉梅子
湯匙專用墊

好大一袋啊！老闆說一袋10斤的梅子只要250元～

梅子泡澡中，呵呵。

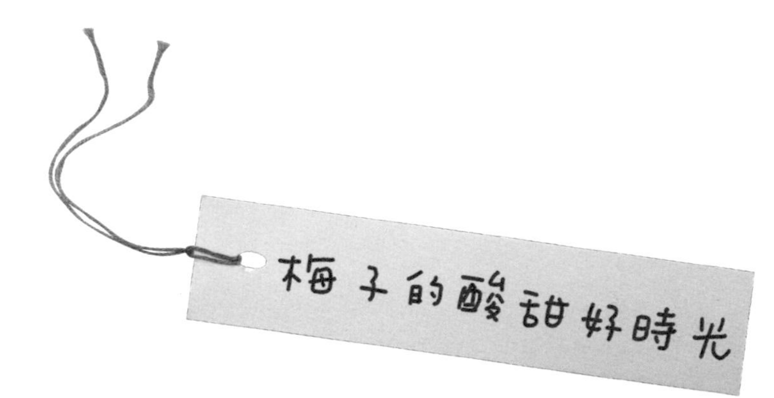

接近梅子的產季，

我們家就開始準備迎接美味又酸甜的醃梅子大戰囉，

拉著小購物車到市場的水果攤，買一大袋青梅回家，

此後幾乎一整年都有美味酸甜的梅子可以享用喔，

而且還可以做成可口又健康的美味料理呢！

總而言之，梅子實在超級優秀的啦～

Sour

❀ 醃梅子

材料

梅子	1袋（約10斤）
糖	1000公克（7包）
冷開水	15000cc（共計三次醃製的量）
玻璃容器	

做法

1. 將梅子們置於大盆子的水中，互相搓揉約10分鐘洗乾淨，以木槌或刀背輕拍梅果蒂頭處，使青梅有一裂縫，並用牙籤取掉蒂頭。
2. 用大桶子裝梅子取1.5kg的砂糖，加5000cc的水煮成液狀，糖液放涼後與瀝乾之梅子混合醃一日。
3. 將（2）的水倒掉，再重複第二次糖液的浸泡(2.5kg+5000cc水做成糖液)。
4. 最後將3包糖，加5000cc水煮糖液，待涼後裝入玻璃瓶及梅子，若沒有大容量的容器，可分裝在小容器裡，都準備完成後儲放在冰箱的冷藏室內。

第二次泡的糖水不要倒掉，可做成梅子果露喔！若糖水太多，可用塑膠袋裝放冷凍室保存。

茉莉梅子

材料

醃好的梅子及糖液

茉莉花(乾燥)　　　　1大匙

玻璃罐(可放430cc的份量)

做法

將醃好已經放入玻璃罐的梅子，加上適量的茉莉花浸泡入味即可。

有淡淡茉莉茶香的優雅喔～

❀ 梅子糖露

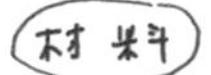

醃梅子的糖水（第二次的糖水）

糖　　　　2包（重2000公克）

做法

1 將第二次泡的梅子糖水，再放入鍋中加入2包糖煮開，融化待涼裝入容器。

2 若糖水太多可用密封夾鏈袋裝放冷凍室保存。

梅子酸甜汁

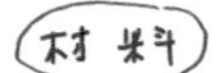

梅子糖露	50cc
冷開水	250cc
冰塊	適量

在杯中加入梅子糖露、冷開水、冰塊搖勻即可飲用。

將梅子配合魚、肉類一起烹調，一方面解膩去除腥味，另一方面也讓食物中的鈣更容易溶出。

同場加映

❀梅子冰沙

材料

醃梅子1顆(裝飾用)	
梅子糖露(做法請見P75)	50cc
冷開水	70cc
冰塊適量(可打成冰沙的量)	

做法

將冰塊、冷開水、梅子糖露，放入果汁機打成冰沙後放入杯中，然後在冰沙上放一顆醃梅子裝飾。

烤布丁
糖露
酪梨杯墊

喲呼

培根酪梨捲

酪梨布丁

水果攤的麻豆酪梨一斤49元～

喔～超市販售的美國酪梨一顆128元=_="

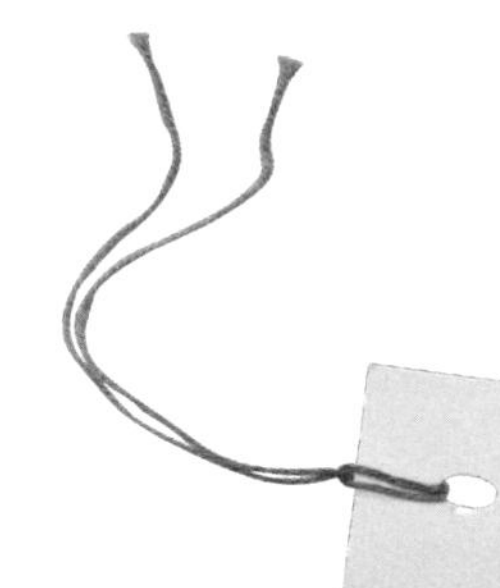

酪梨跟布丁一起拉拉手

我非常愛吃酪梨，尤其是打成果汁的酪梨牛奶。

喔喔，實在好喝的不得了呢！

而且我很喜歡酪梨的形狀，太可愛了！

我常買的酪梨是台灣生產的麻豆酪梨，

表皮光滑

沒熟成時是深綠色的

還有逛街時在超市遇見的美國酪梨，

黑黑小小一顆

表皮很皺，價格還不便宜喔！

❀ 培根酪梨捲

材料

培根，切片	3片
酪梨，切片	3片（切的寬度跟培根片一樣寬）
罐頭水蜜桃片	3片（切的寬度跟培根片一樣寬）
牙籤	3隻

調味

芝麻醬	1湯匙
鰹魚露	1湯匙
味醂	1湯匙

做法

1. 將培根煎熟後，在內面刷上調味醬。
2. 接著放入酪梨片、水蜜桃片捲起來。
3. 最後用竹籤串入固定即可。

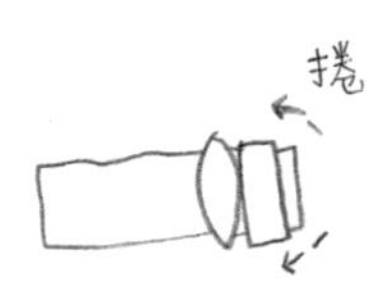

一口咬下酪梨在培根裡化開來了，喔，好綿好綿！嗯，好吃～

Pudding

酪梨布丁

材料

酪梨	半個去子
布丁(市售)	1個

調味

糖露(做法請見P87)	適量

做法

1 將布丁直接一整粒倒在酪梨的空洞處。
2 享用時澆上適量的糖露，一口布丁+糖露+果肉，很美味喔！

酪梨保存以及防止變黑的方法>將酪梨表面果肉抹上一層檸檬汁即可。
若一次採買很多酪梨，可在熟成後將皮、子去除，放入塑膠袋冷凍即可。

❀ 酪梨牛奶

材料

酪梨，切塊	30公克
牛奶	120cc
糖	5公克

做法

全部材料放入果汁機打成泥狀後，倒入杯中，加幾顆冰塊飲用。

若想讓酪梨牛奶喝起來更濃郁，可加入半顆市售的布丁。

❀ 糖露

材料

糖	1000公克
水	500cc

做法

1. 水滾後加入糖，煮至攪拌融化後，再煮5分鐘。
2. 待涼後裝入玻璃容器置於冰箱冷藏。

自己製作糖露來料理很方便，而且又天然喔！

✿烤布丁

材料

牛奶	250cc
雞蛋	2顆
蛋黃	2顆
香草精	少許
糖	40公克

調味

糖露（做法請見P87）　適量

做法

1. 放入雞蛋、蛋黃於缽盆中打散，加入香草精、糖充分攪拌均勻。
2. 倒牛奶於小鍋中攪拌加熱，在開始冒出泡泡之前馬上關火（約攝氏60度）。
3. 將（2）項慢慢的倒入（1）混合。
4. 將（3）項用濾網過濾。
5. 在烤盤裡放置布丁模型，放好後在鐵盤中注入至模型2/3高度左右的熱水（約攝氏60度），接著以攝氏170度在烤箱中烘烤30分鐘。
6. 享用前澆上適量的糖露即可。

2/3水
布

小樹夾

熱情的西瓜男孩

粉紅奶泡

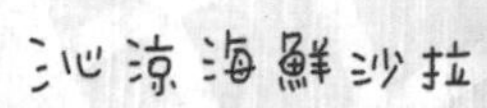

小雲朵夾
戀戀 西瓜山
瓜瓜小派串

一顆顆綠綠的西瓜。

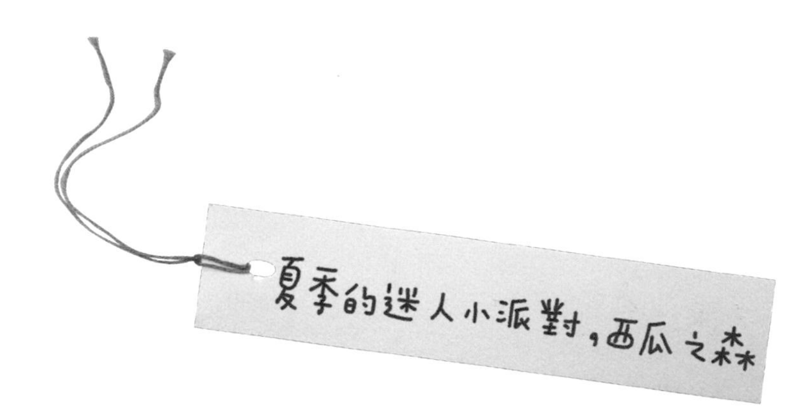

對於紅色的水果我都很喜歡呢！而且都好好吃喔…實在太美味了。

啊（我在內心吶喊著）！那鮮紅的果肉與色彩帶給我味覺的熱情感受，所以每年到了夏季就會去水果店搬一大顆的西瓜回家！

然後豪邁的切西瓜，並與家人一起坐在沙發上看著電視大口大口的啃著西瓜的清涼滋味。

呵呵，很愛這感覺呢！如果我就住在種滿西瓜的森林裡，該有多好。呵呵…（狂笑之）

粉紅奶泡

材料

紅西瓜	紅西瓜1小塊取汁30cc

調味

冷開水	150cc
牛奶	30cc
糖	適量

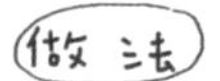

1 西瓜用湯匙壓成汁，加入冷開水及糖。
2 放冷凍庫冰鎮一下。
3 最後將牛奶用打泡器打出泡沫慢慢倒入飲品裡。

家中若沒有打泡器也可以直接用力上下搖晃牛奶瓶，這樣倒出來就有泡沫囉！

❀ 戀戀西瓜山

材料

黃西瓜（打汁）

西瓜（切造型）

調味

糖	適量
冷開水	適量

做法

1 取一塊西瓜加糖、冷開水一起打成果汁倒入杯中。

2 先置於冷凍庫冰鎮一會。

3 切一塊帶皮的西瓜卡入杯中裝飾。

Savory

❀ 沁涼海鮮沙拉

材料

黃西瓜的白色果肉，切絲	150公克
小花枝或花枝，切片	150公克
芒果，切丁	數小塊

調味

醃西瓜白皮醬汁：

醬油3cc、醋3cc、香油3cc、糖露3cc、鹽3cc、碎蒜適量

醃花枝醬汁：

醬油3cc、醋3cc、糖露3cc、鹽2cc、酒3cc、碎蒜適量

做法

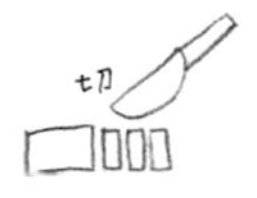

1 將西瓜皮切條後，拌入醬汁，放入保鮮盒冷藏醃製一晚更入味。

2 小花枝去除內臟，汆燙熟後待涼，拌入醬汁放入保鮮盒冷藏醃製約一晚。

3 芒果切丁備用。

4 將1、2、3料排盤放入碗中。

糖露參考p87頁的製作

❀ 瓜瓜小派串

材料

紅西瓜	3球
黃西瓜	3球
木瓜	3球
長木籤	3隻

蜂蜜	適量

做法

1. 用挖球器分別挖取果肉。
2. 接著用竹籤串上切好的3種瓜果球。
3. 刷上一層蜂蜜。

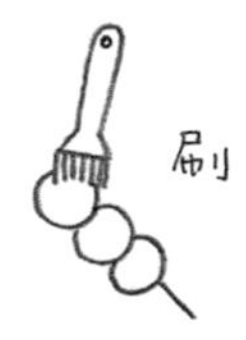

讓瓜果的品味變得有點可愛的高雅(喔耶！)

香蕉牛奶氣泡水

百香果氣泡水

芒果氣泡水

蘋果氣泡水

La La La

草裙搖搖的Q比娃娃

葡萄氣泡水

西瓜氣泡水

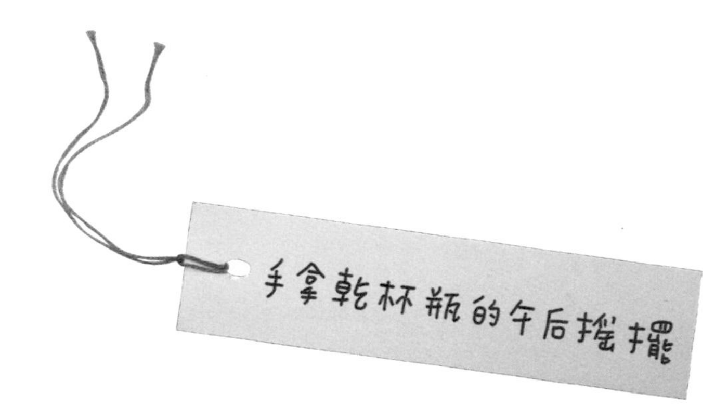

雖然我對酒過敏，幾乎滴酒不沾，

呵呵！卻很喜歡收集啤酒瓶子或一些手造的玻璃瓶，

偶而我們會將泡好的飲料放到瓶子裡，任性搖擺！

尤其在炎熱的夏季午后，一起乾杯這種搖擺飲料

真是幸福又暢快的午后時光喔！

每一只瓶子裡裝著我們喜愛的手作飲料，

一瓶接著一瓶…乎乾啦！

呼呼～偶而還可以嘗試一下，

調配有果肉、果汁的天然水果，加在汽水裡，

感受美妙的滋味在舌間跳躍著，

若喜歡有點微醺感，也可以在瓶子裡加些微量ㄟ啤酒喔！

❀ 香蕉牛奶氣泡水

材料

香蕉丁	1大匙
牛奶	1大匙
黑松汽水	約啤酒瓶的7分滿

做法

1 將汽水倒入玻璃瓶內約7、8分滿，先置於冷凍庫冰鎮一下。

2 果肉切小丁備用。

3 準備飲用時，在汽水中加入果肉丁。

1 這樣調配有可爾必思ㄟ口感喔～吽～

2 此飲不適合加啤酒。

banana

nice and cool

❀ 芒果氣泡水

材料

愛文芒果丁	1大匙
芒果泥	1大匙
黑松香檳汽水	約啤酒瓶的7分滿

做法

1 將汽水及果泥倒入玻璃瓶內約7、8分滿，先置於冷凍庫冰鎮一下。

2 果肉切小丁備用。

3 準備飲用時，再加入少量果泥及果肉丁。

這款果汁有南洋風的慵懶感喔！
由於果汁只取適量約1大匙，可用磨泥器及湯匙壓汁來取。

❀ 蘋果氣泡水

材料

蘋果丁	1大匙
蘋果汁	1大匙
蘋果西打	約啤酒瓶的7分滿

做法

1 將汽水及果汁倒入玻璃瓶內約7分滿，置於冷凍庫冰鎮一下。
2 蘋果肉切小丁，果汁備用。
3 準備飲用時，再加入少量蘋果汁，並放入蘋果肉丁。

這個棒！因為蘋果的甜脆配上氣泡水超搭的～

❀ 西瓜氣泡水

材料

黃西瓜丁	1大匙
西瓜汁	1大匙
黑松汽水	約啤酒瓶的7分滿

做法

1 汽水和西瓜汁倒入玻璃瓶內，約7~8分滿，置於冷凍庫冰鎮一下。

2 西瓜果肉切小丁備用。

3 飲用時，再將西瓜丁及少量西瓜汁加入瓶中。

好喝又清爽！若放在透明玻璃瓶裡，有粉粉嫩嫩的戀愛感覺喔！

由於果汁只取適量約1大匙，可用磨泥器及湯匙壓汁來取。

✿葡萄氣泡水

材料

葡萄去皮去子，切成果丁　　1大匙
黑松香檳汽水　　約啤酒瓶的7分滿

做法

1 將汽水放入玻璃瓶內約7~8分滿，先置於冷凍庫冰鎮一下。
2 果肉切小丁備用。
3 飲用時加入汽水中。

嗯，這款味道有調酒的fu喔!讚!!

❀百香果氣泡水

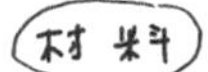

材料

百香果　　　1顆

黑松汽水　　約啤酒瓶的7分滿

做法

1 將百香果放入汽水中，倒入玻璃瓶內約7分滿，置於冷凍庫冰鎮一下。

2 飲用前搖擺3~5下。

微酸甜配上氣泡水有初戀的感覺(哈~)！

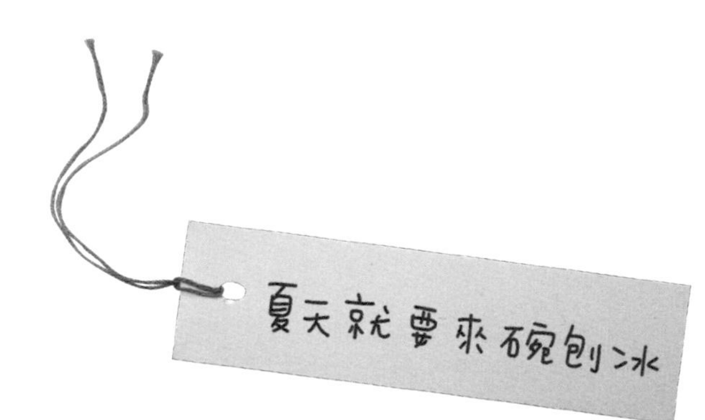

喔～炎熱的夏天不吃碗涼爽的刨冰，似乎不像在過夏天呢！

記得有一年夏天一家人遊碧潭，

因為天氣炎熱，從街頭就開始吃了一碗黑糖水做的刨冰。

嗯，好好吃喔！

感覺只要有黑糖出現的食物都好吃，

呵呵，我一直這麼覺得哩！

後來逛到街尾，又進冰店吃了一碗鋪滿芒果的綿綿冰，

也是好吃的不得了啊！

(哈)我愛夏日刨冰！

❀ 紅豆牛奶冰

材料

大紅豆	約3大匙，打泥
果汁機（可碎冰）	
冰塊	適量
糖	適量
水	少許

煉乳	1大匙
大紅豆	數顆

做法

1. 將食材全放入果汁機裡打碎。
2. (1)料分裝放在小碗裡。
3. 最後放上大紅豆，再淋上煉乳。

1. 若一次準備多份，可先將做好的紅豆冰沙泥放在冷凍庫裡冰一下，開動時再取出來，淋上調味，這樣冰沙才不會一下子就融化了喔！
2. 煮大紅豆時不好軟化，我都是用煮飯的大同電鍋，按煮三次後，加糖即可完成囉！

美味ㄋㄧㄝ

堅果與果乾的混合，再加上白巧克力的香甜，嗯，口感真好！

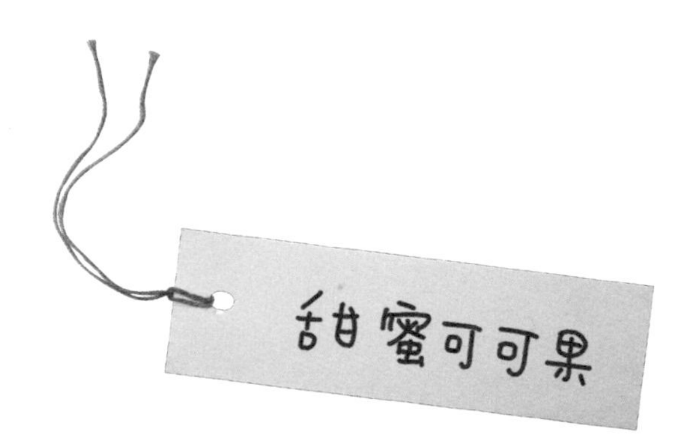

每次逛到糖果區就會一直停留在有擺放巧克力的位置，

心裡想著"我多麼想買回家啊！"(微笑)

有時候心情很blue，特別會想吃甜甜濃濃的巧克力

來蓋住這麼不開心的自己，

也因為嘴裡甜甜的，而讓心情轉變成美好了

喔！我想這就是甜點帶給人們的小小幸福魔力吧！

甜蜜可可果

材料

腰果(市售烤好的)	90公克
白巧克力	2包90公克
葡萄乾或蔓越莓果乾	40公克
葡萄乾(裝飾用)	數顆
甜點用的小紙杯	數個

做法

1 將腰果切成碎粒，一起跟果乾放在容器裡。
2 白巧克力切塊隔水加熱到融化。
3 將融化的白巧克力快速拌入做法(1)中。
4 最後將拌好的甜點分裝到小紙杯裡，在巧克力頂部放一顆葡萄乾做裝飾，待涼後裝入保鮮盒冷藏即可。

享用時的口感脆脆甜甜的，很好吃，也可做些小禮袋來盛裝，送給你愛的人。

動手吧！自己做料理小道具

大大的白色盤子裡放著剛煮好的美味，
將食物盛裝好時，
加上一些小裝飾或有趣的小圖、小東西，
做為讚美的符號，
讓盤裡的食物也能有自己的表情，
這樣是不是會讓日常飲食多了幾分生動可愛的感覺呢！
（是ㄛ！我舉雙手贊成）

這些讓料理加分的小道具，
不妨使用生活中能夠再利用的剩餘物資，
像平常喝的紙製牛奶盒、包裝的紙板、吸管、膠帶、碎布、木製攪拌棒、
飲料瓶or蓋子、牙籤等等…
這些哩哩叩叩的小物都可以發揮創意
製作成許許多多有的沒的料理小道具喔！
再找個盒子裝起來
想讓美食更有意思，就從專門給料理做表情的小寶盒裡挑選吧～

料理小道具

forest

❀ 小樹夾

（見夏季的迷你小派對——西瓜之森）

材料

寶特瓶

木夾子

碎布

紙板

膠帶

保麗龍膠

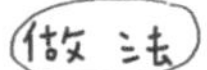

1 在寶特瓶上修剪一顆樹的形狀。

2 將保麗龍膠塗在(1)項樹的背面邊緣後，壓貼合在布的正面。

3 接著將(2)項背面，塗上保麗龍膠後貼合紙板，紙板背面再貼一層膠帶。

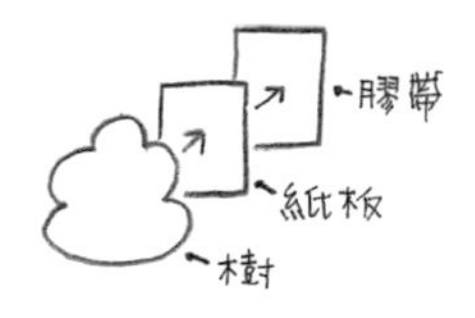

4 剪下樹的輪廓。

5 木夾子夾在樹的下方，就變成樹幹了。

小樹夾做好了就可以直接把它卡在杯杯上囉。
感覺上是在小森林裡品嘗著好好喝的現採果汁呢！

✿ 小雲朵夾

（見夏季的迷你小派對——西瓜之森）

材料

寶特瓶

木夾子

紙板

膠帶

保麗龍膠

1 在寶特瓶上剪一朵白雲的形狀。

2 將保麗龍膠塗在（1）項雲朵的背後貼合在紙板上，紙板背面再貼一層膠帶。

3 剪下（2）項的輪廓。

4 木夾子夾在雲朵的下方就可固定了。

Hi

❀ 熱情的西瓜男孩

（見夏季的迷你小派對——西瓜之森）

材料

紙板

透明膠帶

油性色鉛筆

保麗龍膠

做法

1 在紙板上剪一個圓形瓜、手、腳，並畫上蒂頭、眼睛、嘴。

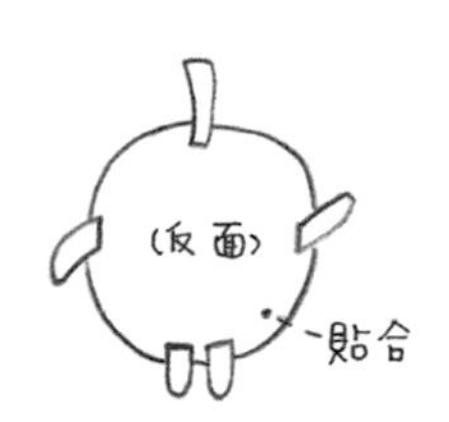

2 手、腳、蒂頭沾上保麗龍膠，貼合在圓形瓜的反面。

3 眼睛、嘴剪下後，正面貼上膠帶使其明亮動人，並貼在臉上。

4 最後在小西瓜背面貼一層紙板。

想固定小西瓜可在背後黏一個瓶蓋喔！

❀ 草裙搖搖的Q比娃娃

（見手拿乾杯瓶的午后搖擺）

材料

Q比娃娃	1個
塑料幫提圈	數條
紅色橡皮圈	1條
手鍊	1條
頭飾	1條

做法

1 將塑料幫提圈拉成一絲一絲的，對折套到橡皮圈上，形成U形狀套，繞拉成一束。

2 一直套到腰圍的一整圈，就成一件小草裙了。

3 可使用自己喜歡的小手鍊，或自己串珠掛在Q比娃娃的頸上裝飾。

4 最後戴上頭飾裝飾，可使用髮圈來設計。

❀ 亮晶晶精靈

（見星期六下午的可愛生日派對）

材料

紙巾用木架	1個
有圖案的包裝紙版10.5*8.2cm	2片
不織布	1塊
蕾絲10cm	1條
保麗龍膠	
棉花	適量
縫線（粉色、咖啡色）	
剪刀	
針	

做法

1. 切割好紙板後，將兩側貼合成一個桶狀。
2. 將不織布裁剪兩片小精靈形狀的水滴，正面由右側平針縫縫製，左側打死結。小精靈正面縫上眼睛、嘴巴。
3. 塞入棉花於小精靈內使其蓬鬆，接著開口處用平針縫，縫一圈拉緊到2.8cm後打死結。然後開口處縫十字線止住，讓棉花不掉落下來。

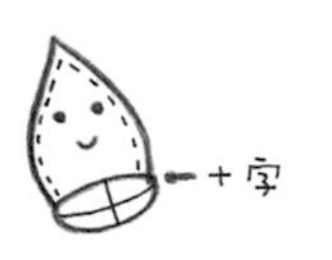

4. 小精靈的開口處沾上保麗龍膠與精靈的身體黏合，並在外圍黏貼上蕾絲一圈。

❀ 小女孩的閃耀日

（見星期六下午的可愛生日派對）

紙板

蕾絲4cm.5cm.6cm.6.5cm　　各1條

切割墊、小刀

水彩筆、鉛筆

壓克力原料、油性蠟筆

碎布碎紙、透明膠帶、保麗龍膠

複寫紙、針線

做法

1. 用複寫紙將圖描繪在紙板上，然後將輪廓切割下來。
2. 用水彩筆沾壓克力顏料繪製頭髮、眉毛、嘴、鞋子、火焰。
3. 眼睛用油性蠟筆另外畫在紙板上，裁剪下來在貼上一層透明膠帶(增加明亮感)，並黏合在臉的位置上。
4. 用複寫紙在紙或布上描繪蠟燭本體及褲子裁剪後，黏合在女孩原來的位置增加立體感。
5. 分別將蕾絲用針線以平針縫縫在蕾絲上，拉緊打死結，並沾上保麗龍膠貼合在女孩的裙身上。

拉縮

裙身的每一層尺寸由頸部開始黏合為3cm.4cm.5cm.5.5cm，每一條拉縮短1cm產生皺摺。若選擇的蕾絲比較寬則貼三層即可。

glitter

vitality

❀ 胡蘿蔔小兔

(見餐桌上的數字遊戲)

材料

紙板、羊毛、針線
剪刀、鉛筆、不織布
切割墊、美工刀
複寫紙、油性蠟筆
透明膠帶、保麗龍膠

做法

1 將胡蘿蔔小兔的圖案輕輕複印在紙板上，然後切割輪廓下來。
2 用油性蠟筆畫眼睛後，貼一層透明膠帶使眼神閃亮，背面沾上膠水，貼合在小兔臉上，並畫上小嘴。
3 耳朵貼上不織布小圓點裝飾。
4 取一小駝羊毛，在手掌上揉一揉，揉成圓圓的，沾保麗龍膠貼合在尾巴處。
5 剪下胡蘿蔔及葉片後，貼在一層不織布上，以平針縫縫一圈後，留0.3cm的邊，並修剪輪廓。
6 最後在小兔的手上沾些保麗龍膠，貼合小蘿蔔。

數字旗幟

（見餐桌上的數字遊戲）

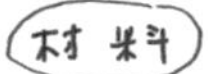

材料

針線

牙籤

剪刀

不織布

做法

1 在不織布上剪數字後，貼在一層不織布上，以平針縫縫一圈後，留0.3cm的邊，並修剪輪廓。

2 將牙籤往小洞上穿入約1cm。

牙籤髒污了可以替換喔！

❀ 酪梨杯墊

（見酪梨跟布丁一起拉拉手）

材料

不織布果身（綠）	1片
不織布果身（白咖啡點）	1片
不織布果根（咖啡）	2片
不織布葉子（米）	2片
剪刀	
針線	

做法

1 將兩片酪梨果身反面相對，正面頂端夾入兩片果跟葉子後，開始以平針縫縫合一圈。

2 果根、葉子也以平針縫，縫合。

❀ 酪梨吊飾

（見酪梨跟布丁一起拉拉手）

材料

紙板
包裝紙或碎布
麻繩29cm　　1條
珠子　　1顆
紙膠帶4*1cm　　1張
小剪刀

做法

1 在紙板上裁剪三個酪梨圖案。

2 在酪梨紙板上貼碎布或包裝紙裝飾。

3 使用小剪刀刺穿酪梨下端中心一個小洞，接近頂端的部分刺穿兩個小洞，間隔0.5cm。三個酪梨都這樣製作。

4 麻繩由第一個酪梨底端反面穿出打上死結，反面的麻繩再由反面穿出上端的第一個小洞，再穿入上端的二個小洞，接著再拗折麻繩，由第二個酪梨的底端，反面穿到正面綁個小死結，麻繩再繼續第一個酪梨的穿法及第二個穿法。

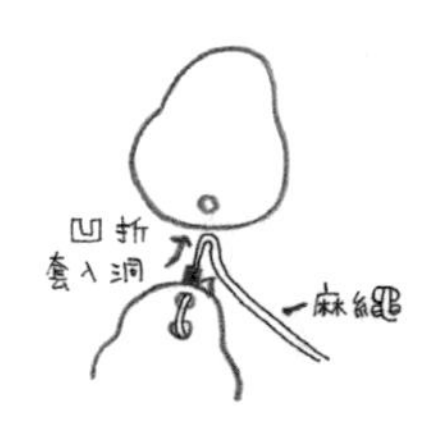

5 完成第三個酪梨後，會剩下一長條的麻繩，大約取個耳掛的尺寸，將麻繩反折下來綁在繩子上打個死結。

6 最後穿上一個小珠子就完成了。

fine

good morning

❀ 田園女孩

（見我的蔬果餐盤）

材料

紙板

頭巾（布料）

背心裙（布料）

壓克力顏料

雙面膠帶

水彩筆

複寫紙

做法

1 將田園女孩的圖案輕輕複印在紙板上，然後裁剪輪廓下來。

2 水彩筆沾上壓克力顏料，塗上頭髮，畫上臉部表情、衣服、鞋子。

3 用複印紙轉印在布上（頭巾、圍裙、口袋）後剪下布，反面貼上雙面膠帶後，就成了布貼紙 。

4 反面撕下雙面膠帶後，貼在田園女孩原來的位置上。

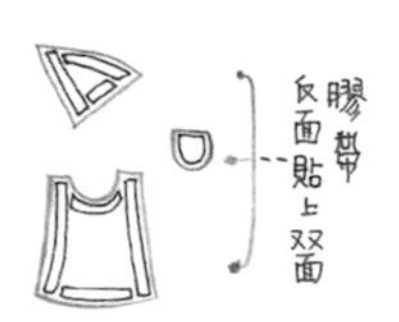

❀ 原味風木隔熱墊

（見我的蔬果餐盤）

材料

抽屜板21cm*8.3cm*1.3cm	2片
松木條16.3cm*3.2cm*1.5	2片
螺絲	4根
螺絲起子	
磨砂紙	
鋸子	
壓克力顏料（咖啡&白色）	
水彩筆	
鉛筆	

做法

1 將需要的木板尺寸切好。

2 全部木頭用磨砂紙磨過一遍。

3 抽屜板二片反面並排平放，左右兩端放上松木條，並鎖上螺絲。

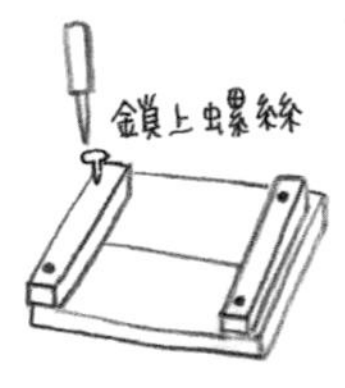

4 正面的右下角，用鉛筆打稿，再用水彩筆沾上顏料畫圖。

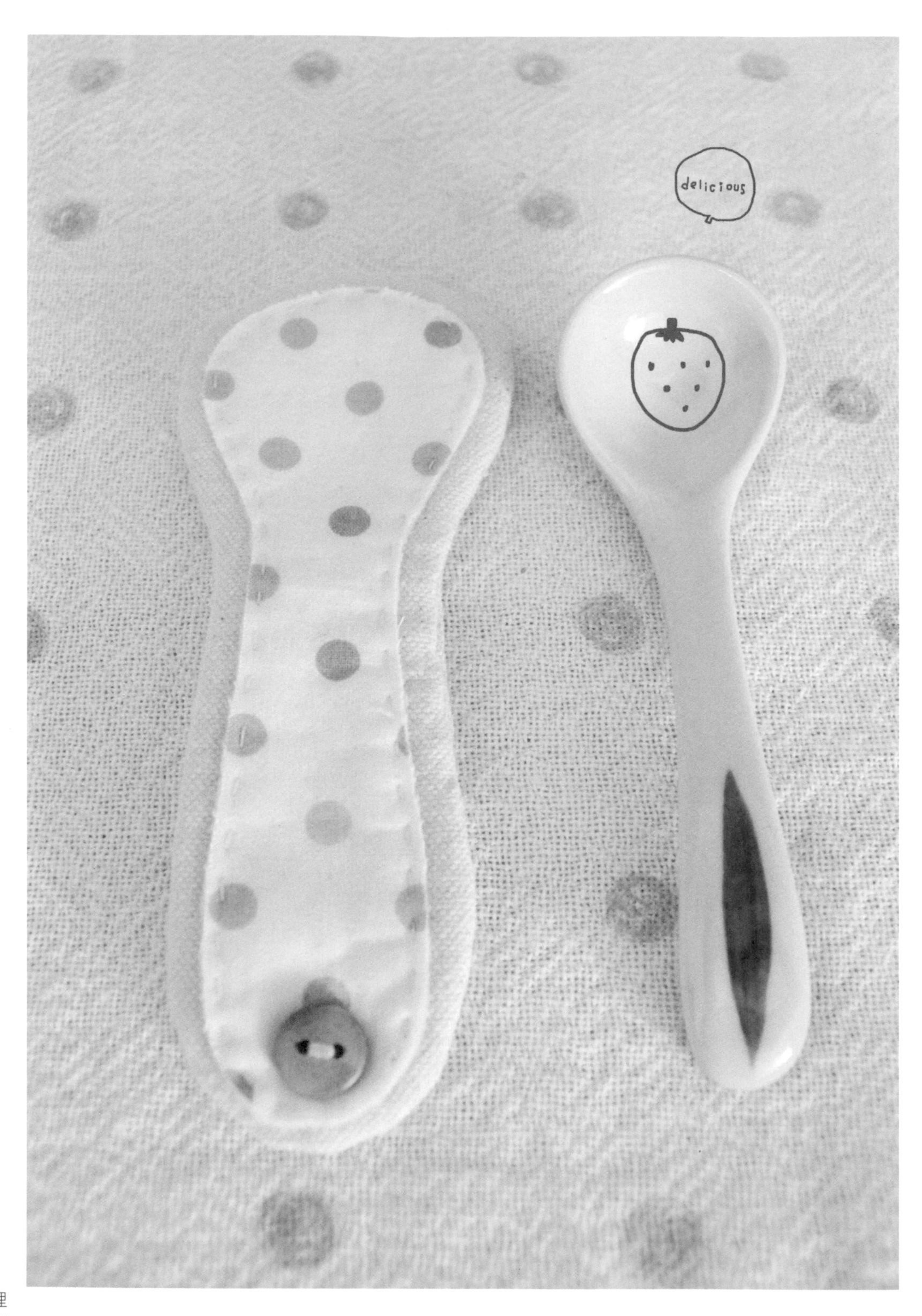
delicious

❀ 湯匙專用墊

（見梅子的酸甜好時光）

材料

花布	1片
素色布前片	1片
素色布前片	1片
原木色釦子	1顆
剪刀	
針線	
薄襯	

做法

1 剪下湯匙圖案的花布，反面熨燙上有黏著性的薄襯，增加硬挺感。

2 花布湯匙以平針縫縫在素色布的前片，並在湯匙尾部縫上釦子做為裝飾。

3 素色布正面相對，反面留0.5cm的縫分及留3cm的返口車縫一圈。

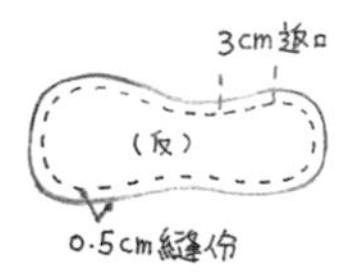

4 修剪輪廓的牙口，由返口翻正面。

5 最後以隱針縫，縫合返口後，熨燙平整。

❀ 餐桌裝飾巾

（見梅子的酸甜好時光）

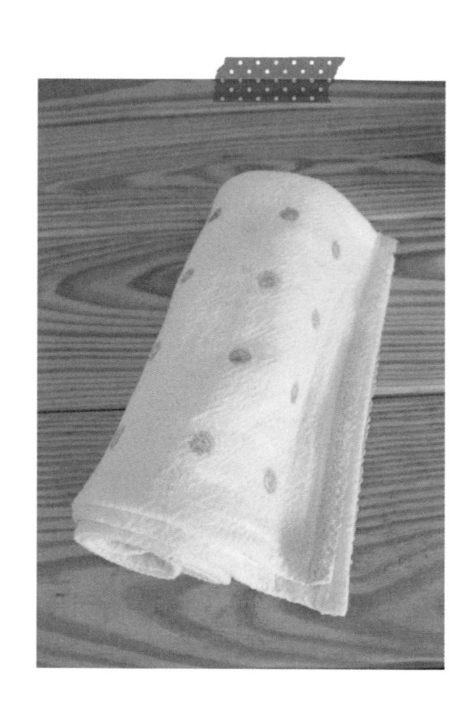

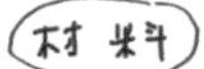

棉布110*30cm

蕾絲28cm

針線

剪刀

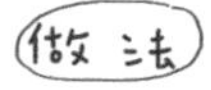

1 棉布的寬與長的邊緣，皆內摺1cm兩次車縫。

2 蕾絲內摺1cm後，對齊邊長進來1cm處車縫，裝飾巾長的兩邊皆車縫上蕾絲。

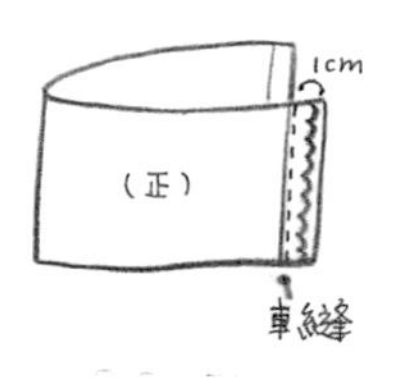

❀ 椰子食器置物盒

（見在家野餐趣）

材料

空椰子　　1個

壓克力原料

水彩筆

鉛筆

鋸子

做法

1 將空椰子用小型鋸子鋸開，約可儲放叉子或小湯匙的開口。

2 先用鉛筆在椰子殼上打稿後，再上顏色。

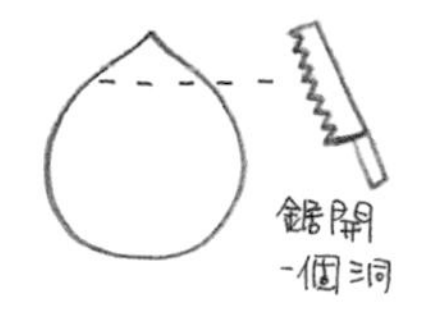

❀ 小恐龍手持隔熱墊

（見在家野餐趣）

(材料)

不織布

恐龍身體2片、頭角2片

背角4片、左手1片

右手2片、手爪2片

左腳2片、右腳2片

眼睛1片、眼白1片

棉花適量、針線、剪刀、保麗龍膠

(做法)

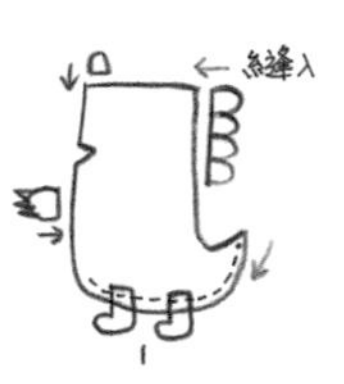

1 二片身體反面相對，正面的尾角處開始以平針縫縫起。分別在經過的地方，加縫入左右腳二片，對齊縫入0.5cm縫份。

2 再繼續縫到右手兩片，並黏入右爪。

3 左手及手爪用強力膠黏在身體的位置上。

4 接著縫到頭角及背角。

5 然後，縫到背角時留個開口，塞入適量的棉花，有點小厚度即可，然後繼續縫完。

6 頭角、腿反面都沾上保麗龍膠，兩片黏合。

7 最後將眼睛、眼白沾上保麗龍膠一一黏合在臉部上。

ti oil

偶而懶得料理一餐的時候，

我們就會外出用餐，

每一餐都有每一餐的美好回憶。

我很珍惜跟家人或朋友們一起用餐的時刻，

因為美好的食物讓人感到愉快而美好，

我都是用這樣的心情享用每一餐的喔！

無論在何時在何地…

日常生活
食感

奔向美味的風景

因為美味，我開始找尋並收集這些美味的小旅程。
沿途經過一幕一幕的風景，如此美好！
在我心裡單純的感受著。

②
③
④
⑤
⑥
⑦
⑧
⑨

快到ㄌㄜ!
10

11

接著，快接近我們愛吃的香草冰淇淋了喔!

呵呵!來一起吶喊吧!!!

喲呼～

裝著美味的杯杯盤盤

從高中時候我就很喜歡買杯杯盤盤，
住家附近的市集，每個星期六的早市，
都會有一位婆婆遠從鶯歌來到這裡擺攤，
雖然品質上都有點NG，價格卻很便宜呢。
當時媽媽買了一個好大、好大的土耳其藍色大瓷盆，
說是要拿來裝飾客廳用的，
形狀類似夜壺，但很大…

啊哈哈，媽媽的想法真是可愛！
因為媽媽說，看到老人家做生意很辛苦要多多「糕關」(台語音)
後來反而是我變成婆婆的忠實粉絲，
每星期六都會去跟婆婆聊天，順便買一些杯杯盤盤回家，
沒想到這樣搬啊搬，竟然收集了好大好大一箱。
所以我的嫁妝有一大箱都是厚重的杯杯盤盤～呵呵！

現在還是逛到哪買到哪，
真是無法戒掉的小小樂趣呢！

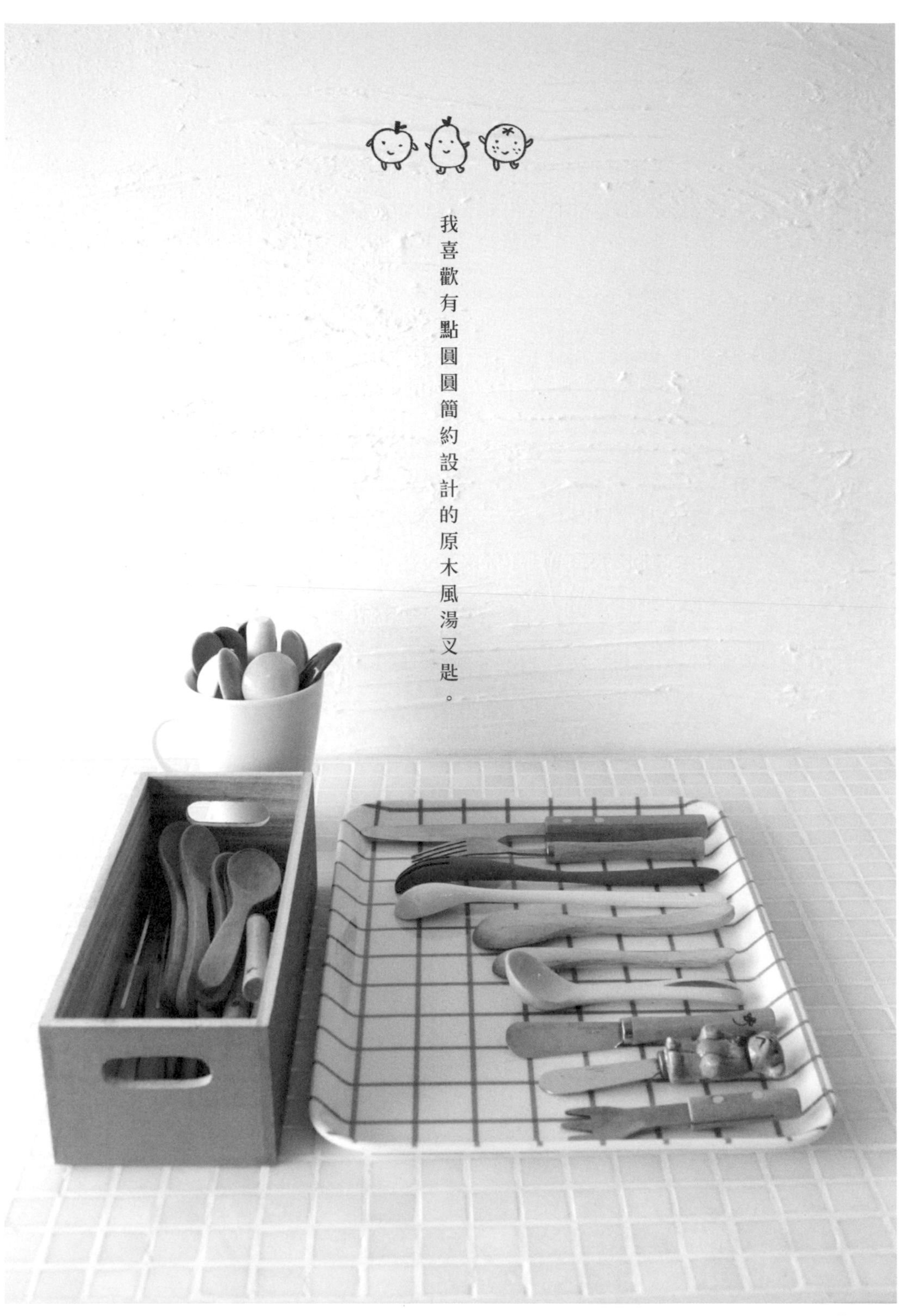

我喜歡有點圓圓簡約設計的原木風湯叉匙。

我們家常常吃飯喝湯的可愛碗。

我們家超級重量級又厚又重的盤子，一盤份量大約有六人分左右。

我收集的杯子們，每個杯子裝入好喝的飲料，就會有不同的感覺喔。

油醋麵＋花生冰棒

蛋餅，蔥肉餅配香濃豆漿

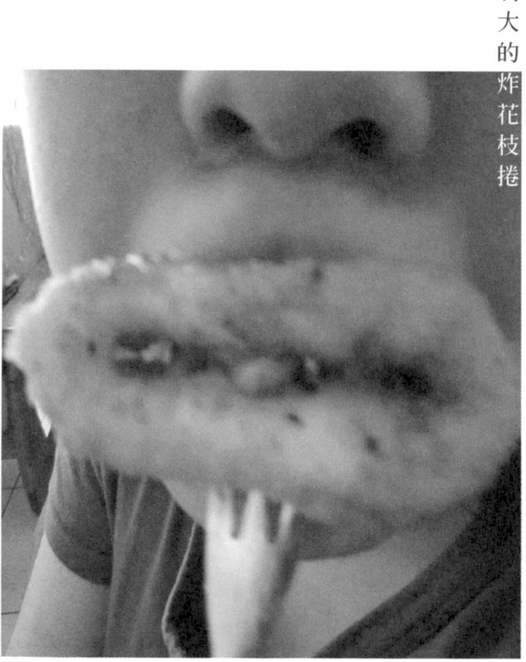

比嘴大的炸花枝捲

土魠魚米粉羹

啤酒杯裝的是綠茶

美好時刻，餐桌

因為生活與工作的關係…
午餐大都在美味餐廳解決。
遇到假日也沒有特別一定要在家煮飯。
不管在哪裡享用美味，
自家的餐桌也好，
餐廳的桌上也好，
一定要把好心情帶到那裡。

吃牛排時間

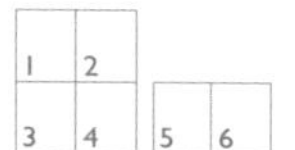

1 炒米粉好吃

2 比臉大的炸馬鈴薯熱狗

3 旅行時的早餐

4 買了好吃的肉包

5 古早味的一餐

6 秋天最愛吃的燒肉餐

既然不能把工作的疲倦放到心裡面，
我覺得那就不妨把它放在餐桌上解決吧！
因為開心飲食可以療癒「疲倦」，
用餐是一種簡單的享受
也是我一口一口
吃掉「疲倦」的方法。

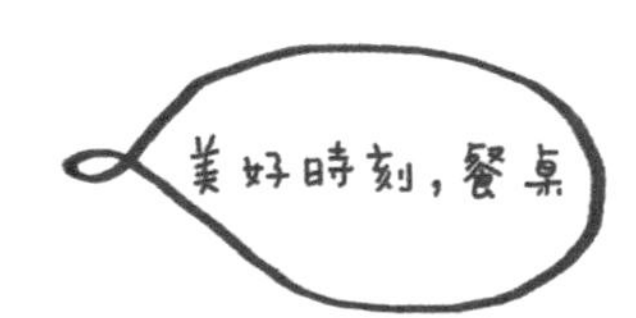

楊桃汁＋椰奶汁

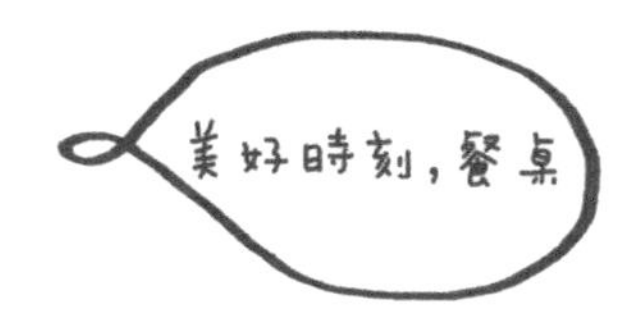

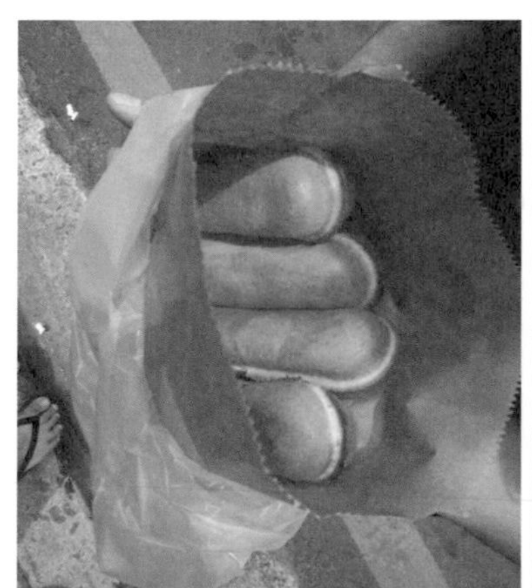

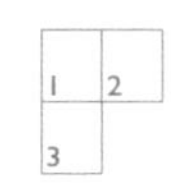

1酥脆雞蛋糕
2雙人炸雞餐
3生魚片好吃

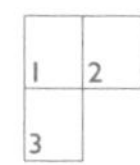

1 可愛香甜的糖炒栗子

2 韮菜鍋貼＋酸辣湯

3 好吃大腸麵線＋臭豆腐＋紅茶

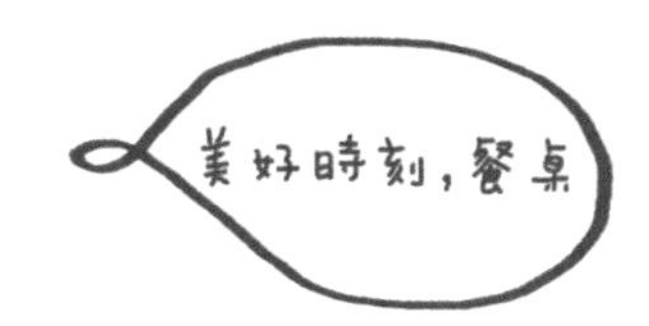

熱滾滾小火鍋

上層側面的樓層玻璃瓶內，
儲放著我們家下午茶的美味。

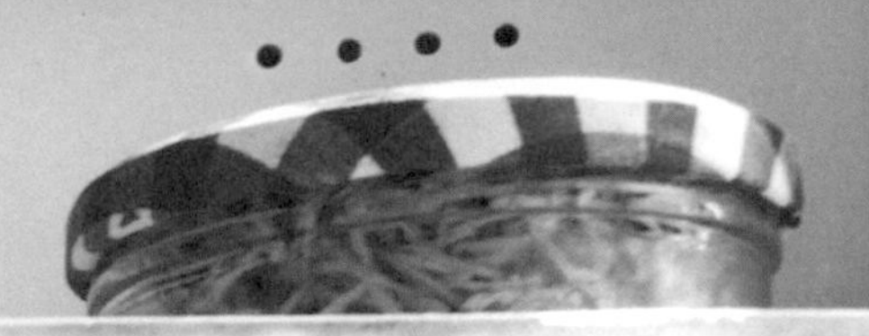

我的小幸福存在冰箱裡

在一天當中

我開冰箱的次數幾乎無法計數…哈！

只要一想到，就會溜去打開冰箱，

我的內心裡想著：

打開冰箱就有無限的幸福味道，

只要關上冰箱，很快又有想打開的喜悅，

這樣一開一關，

因為冰箱裡的冷藏溫度好舒適喔，

是我喜歡的溫度。

涼涼的，加蓋暖暖的羽毛被，

剛剛好耶！

而且，還可以輪著巡禮冰箱的每一個樓層

看到很多美味在裡頭。

厚 ！ 美味萬歲 ！！

1
2

1 剛做好冰鎮在冰箱裡午茶時準備享用的陽光沙拉。

2 除了料理，我還會為食物們的保存做一些小收納，保鮮盒就是食物的好朋友。

1
2 3

1下層側面樓層，儲放了每天都要多喝的水，以及一些料裡的瓶瓶罐罐。

2上層1樓都儲放一些冷凍的食材，以及料理時常用的蒜、蔥、蔬果的保存。

3下層3樓，是用英文報紙保存的蔬菜，如此可以延長保鮮時間和儲放期限喔。

一盤一盤的菜。

美味。美胃。幸福風景

一有時間就很喜歡逛逛市集，
常常覺得這些市集生活中可以遇見的事是多麼有趣啊!
採買是一種帶有幸福感的行為，
每次看見許多婆婆媽媽拎著一袋又一袋精心挑選的食材，
臉上都帶著認真的表情，以及對家人真心無私的關照，
覺得那真是市集裡最美的風景呢！

因為不想錯過任何畫面，
手指不停地按下相機的快門鍵，
一路上邊走邊拍，
看著市集裡人來人往，
像是一場又一場溫馨美味的生活小電影…

一堆可愛的綠花椰。

甜蜜多汁的關山鳳梨。

好多綠油油的蔬菜。

香香酥酥的蔥餅。

清脆可口的蘿蔔跟芹菜。

好吃的火龍果。

香甜的巨峰葡萄。

解除疲勞的水梨。

粉粉的蓮霧。

顏色繽紛的果果。

紅咚咚的甜美蘋果。

快樂的香蕉們。

好吃多肉的芒果。

豐富維他命c的芭樂。

可愛的糖果包裝杯杯。

買三星蔥回家的路上。

好吃的西瓜。

全身都綠綠的媽媽。

可愛的畫面。

專心做麵糰中。

努力！努力的～

快完成囉！

灑上配料。

澆上麵糊。

找了一天到朋友的美味蛋糕料理工作室玩耍，
看著製作出來的甜點，各種顏色與配置；
看著師傅們忙碌的雙手，用心地烘焙…
內心很是感動呢。
甜點所帶來的聯想，真的讓人有一種甜蜜且幸福的感覺。

有時候覺得人與人的相遇很奇妙，
經常會撞出許許多多美好的回憶。
同樣地，人與食物所碰撞出來的驚喜也很不可思議，
想想，人的飲食習慣不一樣，內心的感受也必然不相同，
卻能有志一同地喊出：「這味道好讚啊！」
但也可能從此跟某些食物不再有交集…

讓人感覺幸福滿滿的甜點課

剛切好的波士頓蛋糕。

我在訪問甜點主廚/宋主廚。

在料理室裡玩耍的這一天，
我看到了人與食物的合奏，
如和諧彈出的美妙樂章。
至少我的內心是如此感受的。
謝謝（甜點）帶給我的美好聯想。

分裝好的波士頓蛋糕。

準備裝飾的起司蛋糕。

冷到要穿大衣進去的冰櫃。

起司蛋糕&檸檬起司蛋糕。

謝謝你們的招待^_^

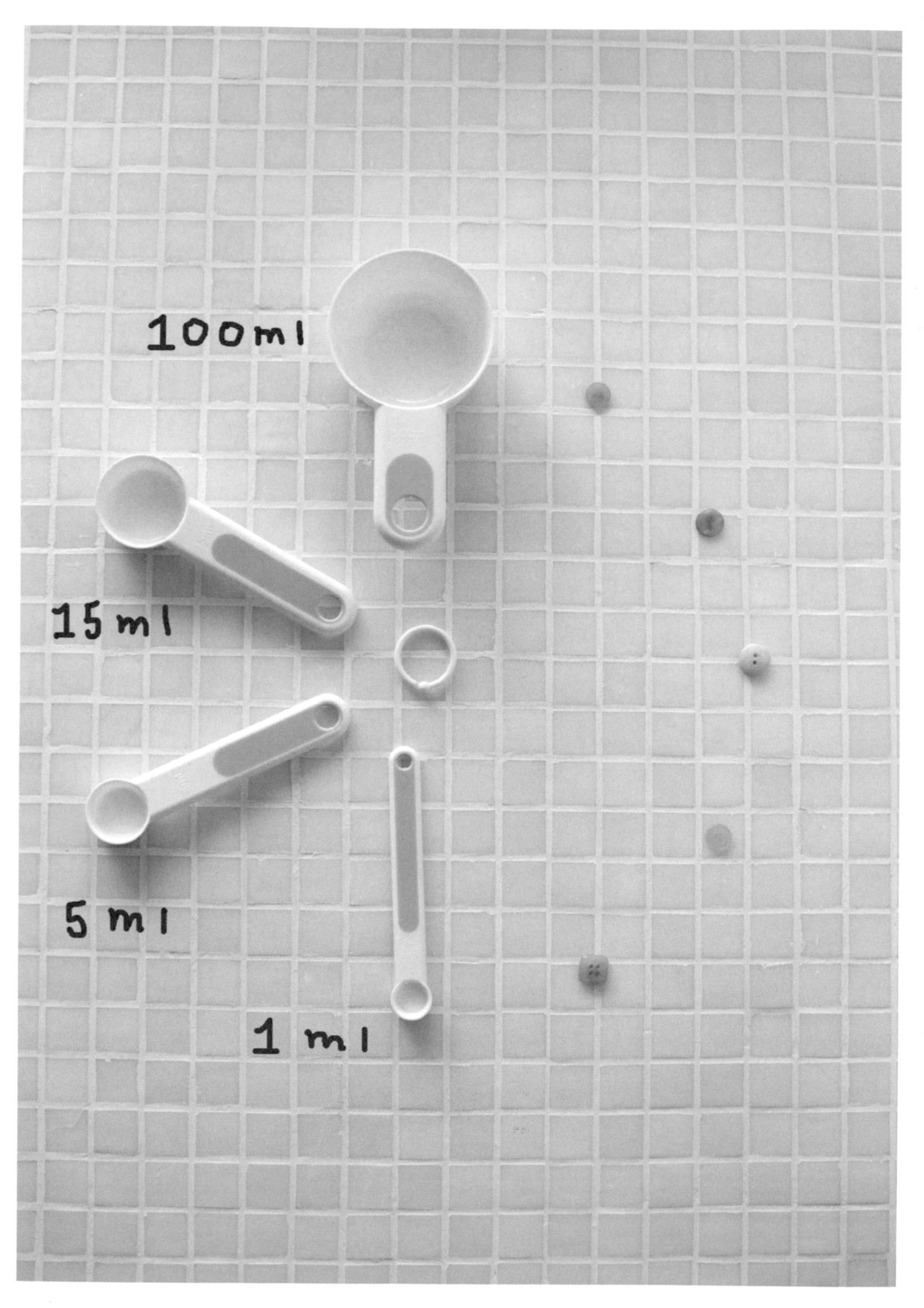
100ml
15ml
5ml
1ml

附錄

調味的小時鐘

料理檯上的食材，

醬料的份量就是用這種可愛的小匙來標示的喔。

但你也可以隨自己的口味來增加或減少調味的配置，

期待每一刻都有好食味。

單位換算：

1ml（毫升）=1c.c

=1cm3（立方公分）

=1g（克）

=0.001mg（毫克）

1公升=1000毫升=1000C.C=1000g

1ML=1CM3=1G

1T=1000KG=1000000G

=1000000C.C·

1000G=1L=1KG

不明黑暗物質!!

附錄

料理後記

哈！
圖片裡的（黑暗物質）是失敗的作品啦，
看它又黑又光亮又油的外型，
連顏色都不討喜，
但出乎意外地，還滿下飯的喔！

呵呵，我想每一餐的某一道料理中都有可能失敗啊！
像牛排沒拿捏好時間跟火候，
很容易煎成鋼板般的口感，
雖然口感不佳，用心卻是100%，
享用時邊啃鋼板牛排
邊笑自己好呆。哈！
還有鹽不小心加多了，
又想加水調淡，卻弄得味道越來越怪，
整個場面手忙腳亂了起來，
呵呵（慌亂到心慌慌）

其實這些失敗的經驗都滿可愛有趣的，
料裡就是要不怕練習，
一直練一直失敗然後又再練…
直到你閉上眼睛就能立即做出這道可口的料理
與人分享美味^_^
來來來，穿好圍裙，拿起鍋鏟，
開心準備下一道的料理囉！！

輕食餐桌

麻球的日日小料理

作　　者　麻球（Q, ball）
編　　輯　錢嘉琪
美術設計　吳慧雯
封面設計　吳怡嫻

發 行 人　程顯灝
總 編 輯　呂增娣
主　　編　李瓊絲
編　　輯　鄭婷尹、邱昌昊、黃馨慧
美術主編　吳怡嫻
資深美編　劉錦堂
美　　編　侯心苹
行銷總監　呂增慧
行銷企劃　謝儀方、李承恩、程佳英

發 行 部　侯莉莉
財 務 部　許麗娟、陳美齡
印　　務　許丁財
出 版 者　四塊玉文創有限公司

總 代 理　三友圖書有限公司
地　　址　106台北市安和路2段213號4樓
電　　話　(02) 2377-4155
傳　　真　(02) 2377-4355
E － mail　service@sanyau.com.tw
郵政劃撥　05844889 三友圖書有限公司

總 經 銷　大和書報圖書股份有限公司
地　　址　新北市新莊區五工五路2號
電　　話　(02) 8990-2588
傳　　真　(02) 2299-7900

製　　版　興旺彩色印刷製版有限公司
印　　刷　鴻海科技印刷股份有限公司

初　　版　2016年08月
定　　價　新台幣300元
I S B N　978-986-5661-80-9（平裝）

國家圖書館出版品預行編目資料

輕食餐桌：麻球的日日小料理 / 麻球作. -- 初版. -- 台北市 : 四塊玉文創, 2016.08
面； 公分
ISBN 978-986-5661-80-9(平裝)

1.食譜 2.手工藝

427.1　　105012699

料理小道具 紙型
原尺寸比例
↑ 熱情西瓜男孩（P128）
← 亮晶晶精靈（P132）
↑ 小樹夾（P124）
↑ 小雲朵夾（P126）

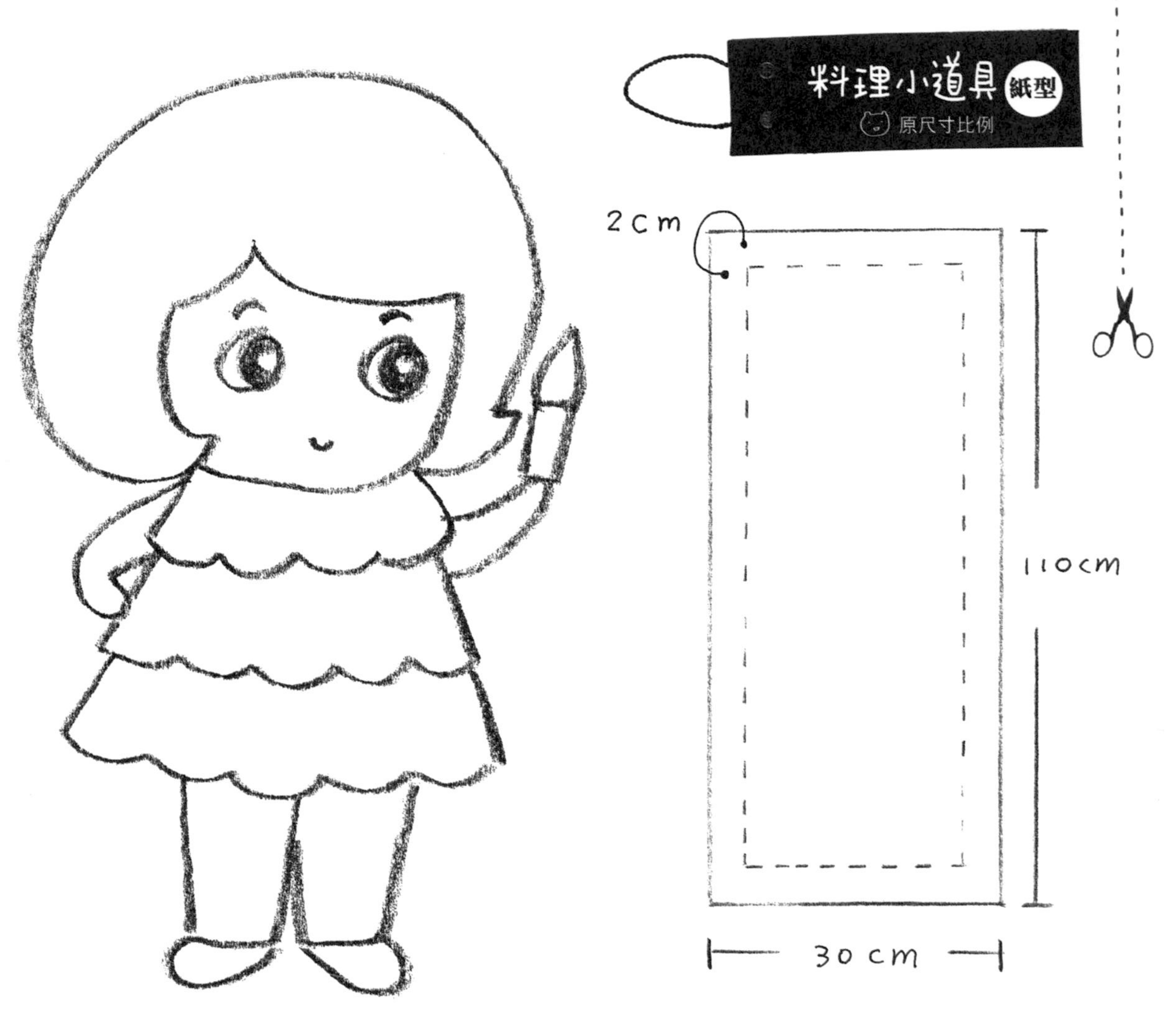

↑ 小女孩的閃耀日（P134）

↑ 餐桌裝飾巾（標示圖非比例圖，P148）

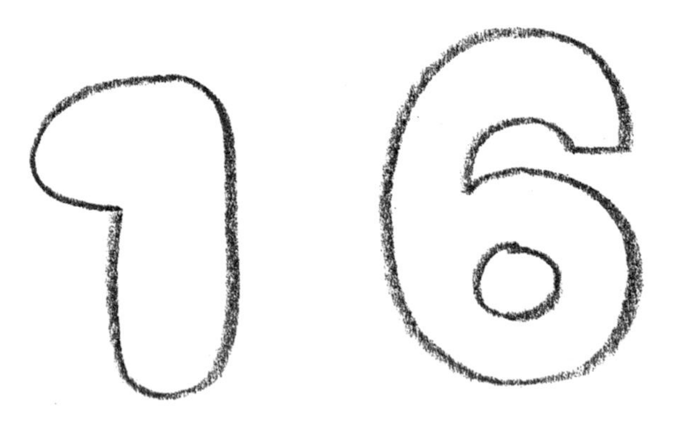

↑ 數字旗幟（P138）

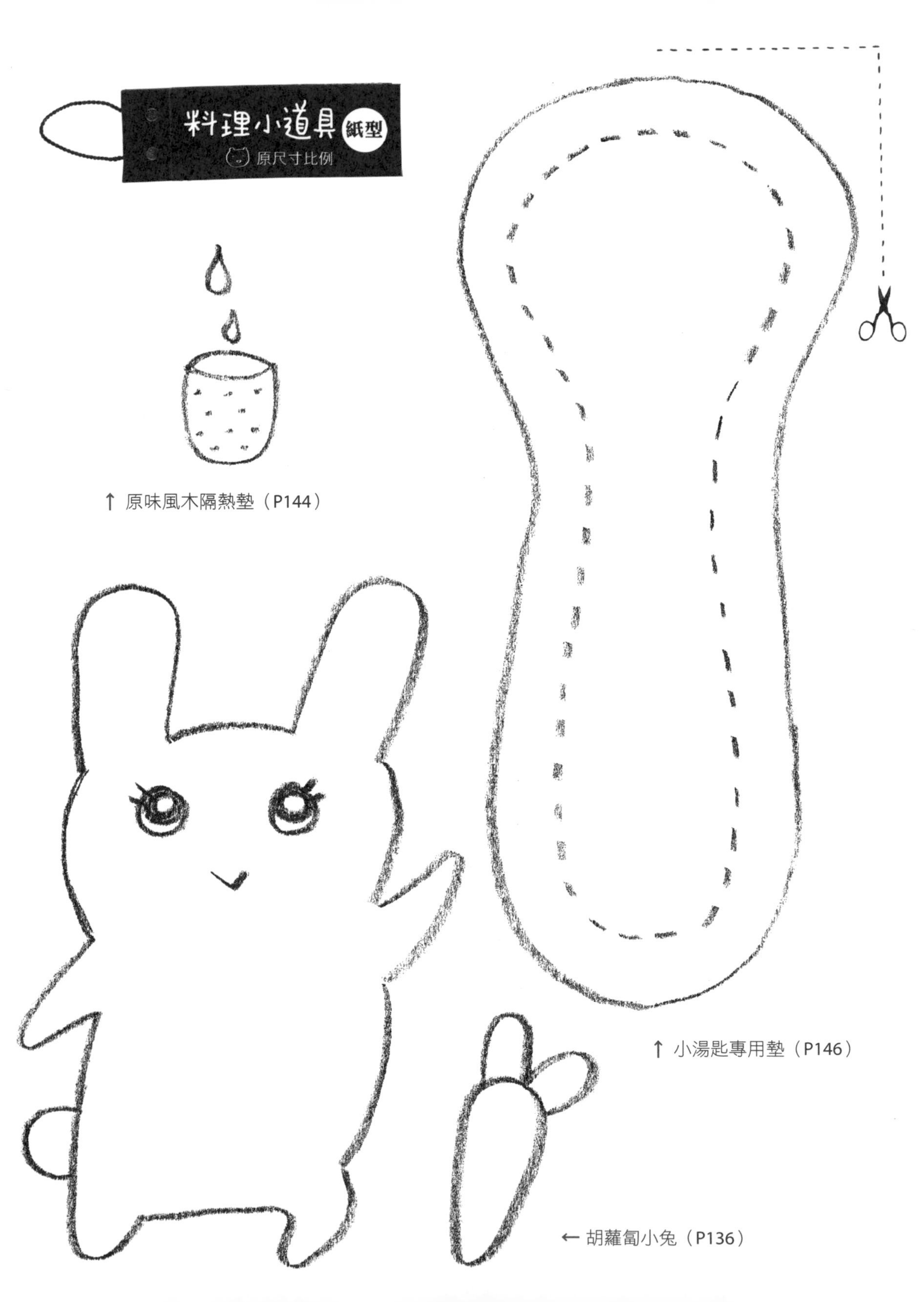
料理小道具 紙型
原尺寸比例
↑ 原味風木隔熱墊（P144）
↑ 小湯匙專用墊（P146）
← 胡蘿蔔小兔（P136）

料理小道具 紙型
原尺寸比例
→ 田園女孩（P142）
← 小恐龍手持隔熱墊（P150）

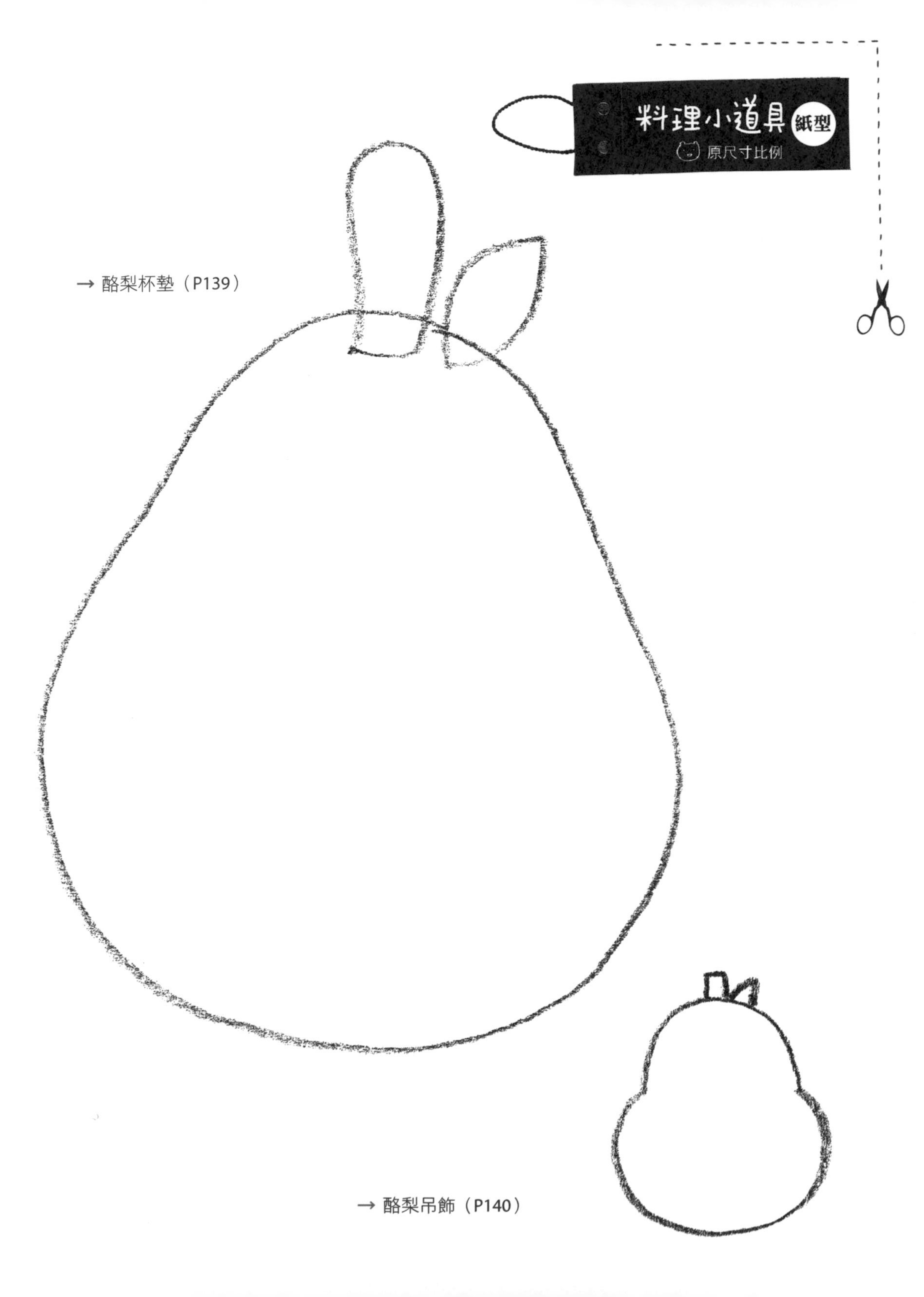
料理小道具
紙型
原尺寸比例
→ 酪梨杯墊（P139）
→ 酪梨吊飾（P140）